Untersuchungen an starren Körpern

Aufgaben

1. Untersuchen Sie den Zusammenhang zwischen dem Drehmoment M und dem Drehwinkel φ! Nehmen Sie ein entsprechendes Diagramm auf, und interpretieren Sie es! Ermitteln Sie mit Hilfe des Diagramms das Direktionsmoment D*!
2. Bestimmen Sie das Trägheitsmoment verschiedener Körper (Vollzylinder und Stab) über Drehschwingungen!
3. Ermitteln Sie das Trägheitsmoment dieser Körper durch Berechnung, und vergleichen Sie diese Werte mit den experimentell ermittelten!
*4. Bestimmen Sie die Rotationsenergie und die Winkelgeschwindigkeit des Körpers für den Zeitpunkt, an dem die Spiralfelder gerade entspannt ist!

Theoretische Grundlagen

1. Skizzieren Sie für eine Schraubenfeder ein F-s-Diagramm, und interpretieren Sie es!

2. Geben Sie die Gleichung zur Berechnung der Schwingungsdauer T eines Federschwingers an! Interpretieren Sie diese Gleichung!

3. Formulieren Sie auf der Grundlage von Analogiebetrachtungen Gleichungen zur Berechnung der Schwingungsdauer T* einer Drehschwingung bzw. des Direktionsmomentes D* einer Spiralfeder! Interpretieren Sie diese Gleichungen!

4. Erläutern Sie, wie man experimentell über Drehschwingungen das Trägheitsmoment eines Körpers bestimmen kann!

Untersuchungen an starren Körpern

Geräte und Experimentieranordnung:

Geräte

Geräte aus dem Gerätesatz zur
Demonstration mechanischer Schwingungen
Winkelmesser
Stoppuhr
Federkraftmesser
Vollzylinder (z. B. Tonnenfuß)
Stab

Experimentieranordnung

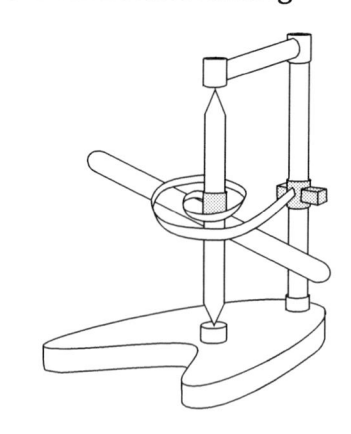

Durchführung und Auswertung

Zusammenhang zwischen dem Drehmoment M und dem Drehwinkel φ:

r =

M in Nm					
φ	0	$\frac{\pi}{2}$	π	$\frac{3\pi}{2}$	2π

M in Nm

φ

Direktionsmoment D*
der Spiralfeder:

Schwingungsdauer T*
des Drehpendels

Trägheitsmoment J:
(experimentell)

Trägheitsmoment J:
(berechnet)

Fehlerrechnung:

Ergebnis:

Gedämpfte harmonische Schwingungen

Aufgaben

1. Bestimmen Sie die Schwingungsdauer eines Fadenpendels!
2. Nehmen Sie das y-t-Diagramm für die Schwingung des Fadenpendels auf, und interpretieren Sie es!
3. Verbinden Sie im y-t-Diagramm die Amplituden miteinander, und interpretieren Sie den Verlauf der Hüllkurve!
4. Berechnen Sie die Abklingkonstante k als Maß der Dämpfung!
5. Ermitteln Sie aus dem y-t-Diagramm die Halbwertszeit!
   Berechnen Sie die Halbwertszeit, und vergleichen Sie diesen Wert mit dem gemessenen!

Theoretische Grundlagen

1. Skizzieren Sie das Diagramm einer gedämpften harmonischen Schwingung, und nennen Sie die Ursache der Dämpfung!

2. Die Hüllkurve kann durch die Funktionsgleichung $y = y_0 \cdot e^{-k \cdot t}$ beschrieben werden. Interpretieren Sie diese Funktionsgleichung!

3. Leiten Sie aus der Gleichung für die Hüllkurve eine Gleichung zur Berechnung der Abklingkonstanten k ab!

4. Erläutern Sie den Begriff „Halbwertszeit" einer gedämpften harmonischen Schwingung!

*5. Zeigen Sie, daß für die Halbwertszeit gilt: $T_{1/2} = \dfrac{\ln 2}{k}$!

Gedämpfte harmonische Schwingungen

Geräte und Experimentieranordnung

Geräte *Experimentieranordnung*

bifilar aufgehängtes Pendel
Tonnenfuß
dünner, reißfester Faden
Lineal
Stoppuhr
Gliedmaßstab oder Bandmaß

Durchführung und Auswertung:

Pendellänge l: l =

Schwingungsdauer T: T =

	0	T	2T	3T	4T	5T	6T	7T	8T	9T	10T
y in cm											

	0,5T	1,5T	2,5T	3,5T	4,5T	5,5T	6,5T	7,5T	8,5T	9,5T	10,5T
–y in cm											

y-t-Diagramm:

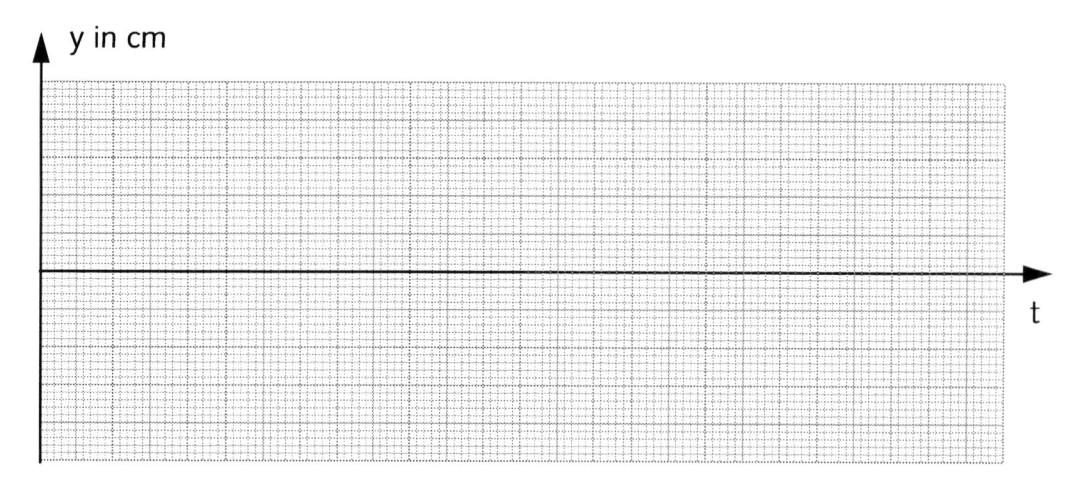

Berechnung der Abklingkonstanten k (für mindestens 3 verschiedene Amplitudenverhältnisse):

k_1 =

k_2 = $\bar{k}$ = _____

k_3 =

Bestimmung der Halbwertszeit $T_{1/2}$:

         experimentell   rechnerisch

Vergleich:

Fehlerbetrachtung:

Stoßprozesse

Aufgaben

1. Eine Stahlkugel wird mit dem Federstoßgerät in einen bifilar aufgehängten Holzklotz geschossen und abgebremst. Welche Geschwindigkeit hatte das Geschoß?
2. Wie groß war der Verlust an mechanischer Energie?

Theoretische Grundlagen

Um die Geschwindigkeit v_1 einer Gewehrkugel der Masse m_1 zu bestimmen, wird die Gewehrkugel zentral in einen ruhenden Holzklotz der Masse m_2 geschossen, der als Pendelkörper aufgehängt ist. Die Gewehrkugel bleibt im Holzklotz stecken. Durch den Einschuß wird das Pendel mit der Geschwindigkeit u aus seiner Ruhelage ausgelenkt und um die Höhe h gehoben (siehe Skizze).

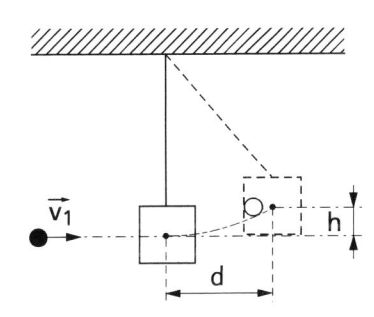

1. Welche Art des Stoßes liegt vor? Begründen Sie Ihre Aussage!
   Leiten Sie aus dem Impulserhaltungssatz die Gleichung zur Berechnung der Geschwindigkeit v_1 her!

2. Leiten Sie aus dem Energieerhaltungssatz eine Beziehung zwischen der Geschwindigkeit u des Pendels mit Geschoß und der Höhe h her!

3*. Die horizontale Auslenkung d kann man genauer messen als den kurzzeitigen Höhengewinn h. Leiten Sie anhand der Skizze eine Gleichung zur näherungsweisen Bestimmung der Geschwindigkeit u mit Hilfe der horizontalen Auslenkung d her, und interpretieren Sie diese!

Hinweise:
- Es werden kleine Auslenkwinkel betrachtet ($\alpha \leq 5°$).
- Im Dreieck ABC wird näherungsweise die längere Kathete (2l–h) durch die Hypotenuse (2l) ersetzt.

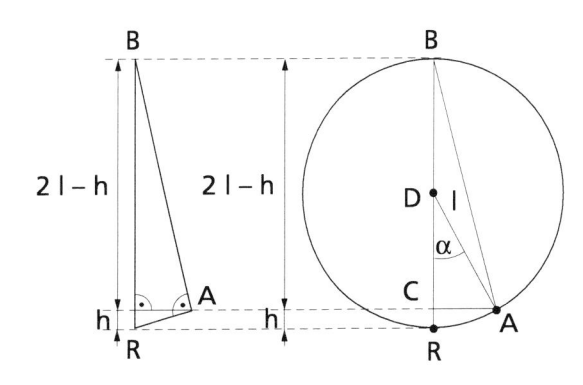

Stoßprozesse

Geräte und Experimentieranordnung

Geräte
Stahlkugel
ballistisches Pendel
Waage
Lineal
Federstoßgerät
Polystyrolkörper

Experimentieranordnung

Durchführung und Auswertung

Masse der Kugel m_1 =   Größtfehler der Massebestimmung:
Masse des Pendels m_2 =   Größtfehler der Massebestimmung:
Pendellänge l =   Größtfehler der Längenmessung:

Bestimmung der Geschoßgeschwindigkeit:

seitliche Verschiebung d in m					
Geschwindigkeit u in $\frac{m}{s}$					
Geschoßgeschwindigkeit v in $\frac{m}{s}$					

Berechnung des Energieverlustes:

Ergebnisse und Einschätzung ihrer Genauigkeit:

Geradlinig gleichmäßig beschleunigte Bewegung

Aufgaben

1. Untersuchen Sie die Zusammenhänge zwischen Geschwindigkeiten und Zeiten bzw. Wegen und Zeiten bei der geradlinig gleichmäßig beschleunigten Bewegung eines Körpers!
2. Bestimmen Sie die Beschleunigung dieses Körpers!
3. Berechnen Sie die Endgeschwindigkeit dieses Körpers nach einer maximalen Beschleunigungsstrecke von 60 cm, und überprüfen Sie das Ergebnis experimentell!

Theoretische Grundlagen

Ein Körper bewegt sich unter Einwirkung einer konstanten Kraft F bei Vernachlässigung der Reibung entlang einer Geraden. Es soll weiterhin gelten: $v_0 \neq 0$ und $s_0 \neq 0$.

1. Geben Sie die Bewegungsart des Körpers an! Begründen Sie Ihre Aussage!

2. Skizzieren Sie das Geschwindigkeit-Zeit-Diagramm für diese Bewegung, und interpretieren Sie den Flächeninhalt unter dem Graphen!

3. Geben Sie für dieses Diagramm eine Gleichung zur Berechnung des Flächeninhalts unter dem Graphen an!

4. Leiten Sie aus dieser Gleichung das Weg-Zeit-Gesetz für diese Bewegung her!

Geradlinig gleichmäßig beschleunigte Bewegung

Geräte und Experimentieranordnung

Geräte

Rotationszylinder mit Zubehör
Beschleunigungsmesser mit Zubehör
Lineal
Stoppuhr (Zentraluhr)
Wägesatz

Experimentieranordnung

Durchführung und Auswertung

Masse des angehängten Körpers: m =

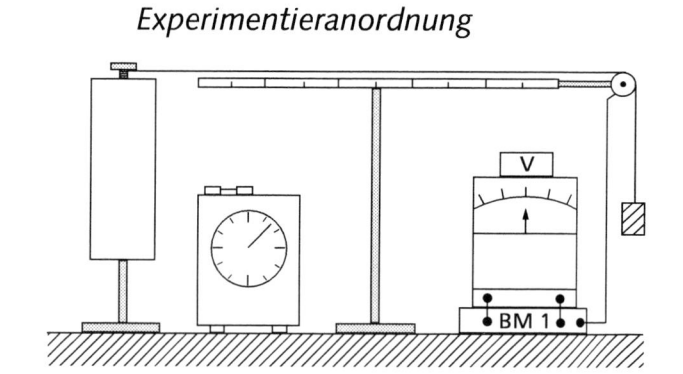

t in s	0					
s in m						
v in						
a in	—					

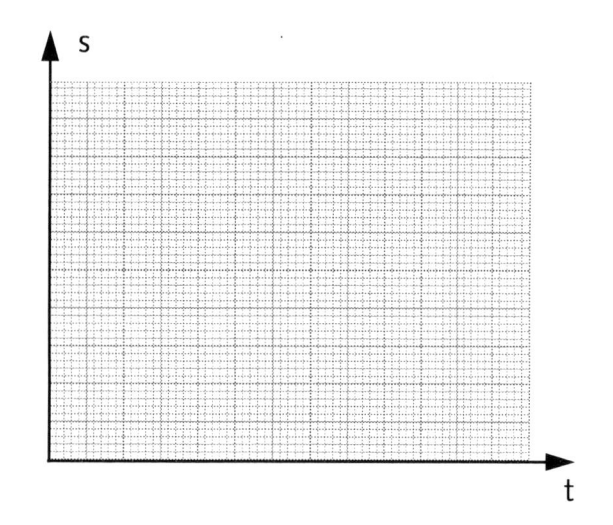

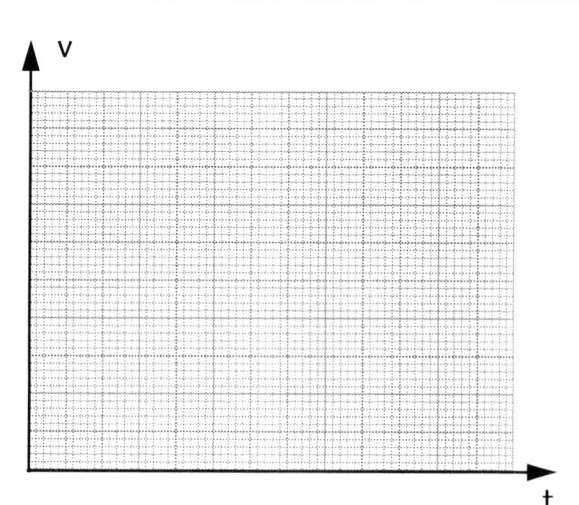

Größtfehler Zeitmessung: Größtfehler Wegmessung:
Größtfehler Geschwindigkeitsmessung:
Mittelwert $\bar{a}$:   absoluter Fehler $\Delta\bar{a}$:   relativer Fehler $\frac{\Delta\bar{a}}{\bar{a}}$:

Ergebnis:

Endgeschwindigkeit nach 60 cm:

         experimentell   rechnerisch

         $v_E =$ $v_E =$

Vergleich:

Verdampfungswärme (Kondensationswärme) von Wasser

Aufgabe:

Bestimmen Sie die Verdampfungswärme von Wasser mittels kalorimetrischem Verfahren!

Theoretische Grundlagen

1. Welche Bedeutung hat die Wärmekapazität des Thermosgefäßes? Wie kann sie ermittelt werden? Leiten Sie die zur Berechnung erforderliche Gleichung ab!

2. Vergleichen Sie Verdampfungs- und Kondensationswärme!

3. Wie kann man die Masse des kondensierten Wasserdampfes bestimmen?

Geräte und Experimentieranordnung

Geräte

Experimentieranordnung

Verdampfungswärme (Kondensationswärme) von Wasser

Wärmekapazität des Gefäßes:
(Wird Ihnen gegeben)

k =

Durchführung und Auswertung

- Leiten Sie erst Dampf in das Kalorimetergefäß, wenn er ohne Tropfen das Rohr verläßt! Schalten Sie nötigenfalls einen Dampftrockner ein!
- Leiten Sie solange Dampf in die Kalorimeterflüssigkeit, bis sie sich um ca. 50 K erwärmt hat!

Meßwerte:

Berechnungen:

Fehlerbetrachtung:

_____
_____
_____
_____

Ergebnis:

_____
_____
_____
_____

Gasgesetze

Aufgaben

1. Untersuchen Sie experimentell den Zusammenhang zwischen zwei Zustandsgrößen einer abgeschlossenen Gasmenge bei einem isobaren Prozeß!
2*. Ermitteln Sie die Fehler der Messungen!
3. Berechnen Sie aus Ihren Meßergebnissen verschiedene gasspezifische Größen, insbesondere das Gasvolumen bei 0°C und den Volumenausdehnungskoeffizienten! Vergleichen Sie die experimentell ermittelten Werte mit Tabellenwerten!

Theoretische Grundlagen

1. Nennen Sie die Eigenschaften des idealen Gases!

2. Skizzieren Sie den Zusammenhang zwischen zwei Zustandsgrößen des idealen Gases bei verschiedener Prozeßführung! Ordnen Sie die entsprechenden Gasgesetze zu!

3. Nennen und interpretieren Sie die universelle Gasgleichung!

4*. Stellen Sie einen Zusammenhang her zwischen den (makroskopischen) Zustandsgrößen des idealen Gases und (mikroskopischen) Teilchengrößen!

Geräte und Experimentieranordnung

Geräte   *Experimentieranordnung*

_____

_____

_____

_____

_____

Durchführung und Auswertung

Zusammenhang zwischen den Zustandsgrößen (bzw. deren Änderungen) bei isobarer Prozeßführung (p = konstant = ...)

Meßwertetabelle

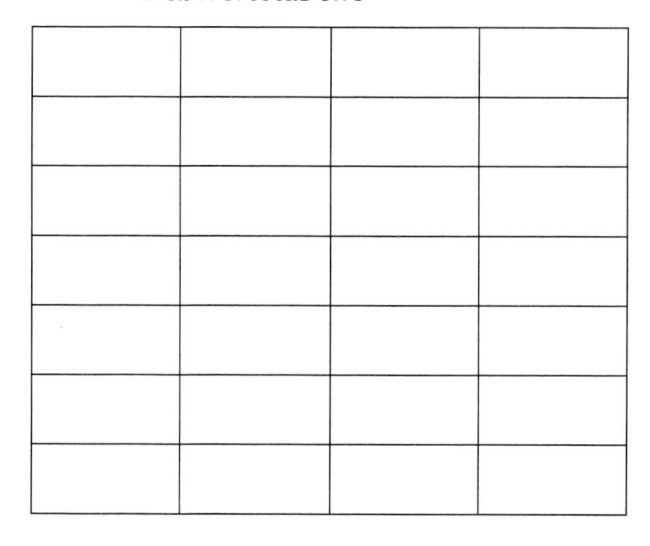

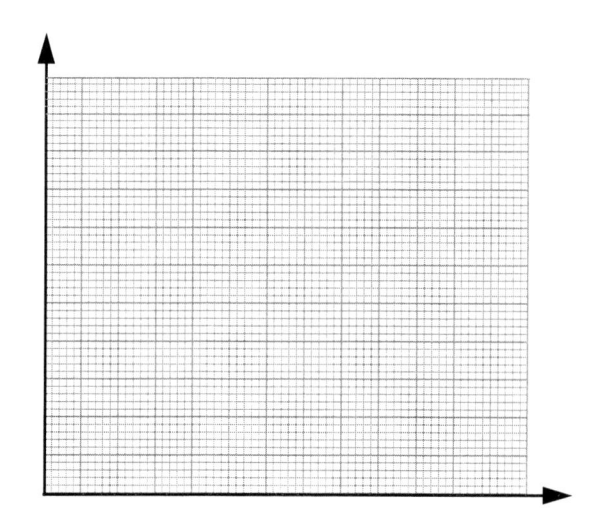

Größtfehler:

Berechnung gasspezifischer Größen:

Gesamtergebnis sowie Vergleich der experimentell ermittelten Werte mit Tabellenwerten:

_____
_____
_____
_____

Spezifische Wärmekapazität von Flüssigkeiten

Aufgabe

Ermitteln Sie die spezifische Wärmekapazität einer Flüssigkeit durch Erwärmung mit einer elektrischen Wärmequelle! Bestimmen Sie dazu vorher den Wirkungsgrad der Wärmequelle!

Theoretische Grundlagen

1. Wie läßt sich der Wirkungsgrad einer Heizplatte bestimmen?

2. Stellen Sie den Zusammenhang zwischen der elektrischer Leistung der Heizplatte und der abgegebenen bzw. zugeführter Wärme in Form einer Gleichung dar!

3. Wie kann man die spezifische Wärmekapazität c einer unbekannten Flüssigkeit ermitteln?

Geräte und Experimentieranordnung

Geräte

Heizplatte mit bekannter elektrischer Leistung (z.B. 150 W)

Aluminiumgefäß

Meßzylinder

Thermometer

Waage

Stoppuhr

Experimentieranordnung

Spezifische Wärmekapazität von Flüssigkeiten

Durchführung

Erwärmen Sie zuerst eine bestimmte Menge Wasser auf ca. 50 °C! Messen Sie die dazu erforderliche Zeit!

Führen Sie danach den gleichen Versuch mit einer unbekannten Flüssigkeit durch!

Meßwerte für Wasser:

Meßwerte für die unbekannte Flüssigkeit:

Auswertung

Wirkungsgrad der Anordnung:

Spezifische Wärmekapazität der unbekannten Flüssigkeit:

Fehlerbetrachtung:

Ergebnis.

Grundstromkreis

Aufgaben

1. Bestimmen Sie experimentell die Leerlaufspannung und die Stärke des Kurzschlußstromes einer Gleichspannungsquelle! Berechnen Sie aus beiden Werten den Innenwiderstand dieser Spannungsquelle!

2. Nehmen Sie die Strom-Spannungs-Kennlinie der Gleichspannungsquelle auf, und ermitteln Sie daraus die charakteristischen Kenngrößen des untersuchten „aktiven Zweipols"!

3.* Ermitteln Sie aus den erhaltenen Strom-Spannungs-Wertepaaren den Zusammenhang zwischen Nutzleistung und Größe des (linearen) Lastwiderstands! Bestimmen Sie aus der erhaltenen Kurve den Innenwiderstand!

Theoretische Grundlagen

1. Was versteht man unter einem Grundstromkreis?

2. Stellen Sie mögliche Sonderfälle bei der Belastung eines Grundstromkreises zusammen!

3*. Geben Sie den funktionalen Zusammenhang zwischen Nutzleistung und Lastwiderstand an! Ermitteln Sie aus der erhaltenen Gleichung, unter welchen Bedingungen die von der Spannungsquelle abgegebene Leistung maximal wird!

Geräte und Experimentieranordnung

Geräte   *Experimentieranordnung*

Grundstromkreis

Durchführung und Auswertung

Untersuchung der Batterie im Leerlauf und bei Kurzschluß

Leerlaufspannung $U_L =$ Größtfehler der Spannungsmessung $\Delta U =$

Kurzschlußstromstärke $I_K =$ Größtfehler der Stromstärkemessung $\Delta I =$

Berechnung des Innenwiderstands und dessen Fehler:

$R_i =$ $\dfrac{\Delta R}{R_i} =$

Aufnahme der Strom-Spannungs-Kennlinie der Batterie

R_a in Ω											
U_a in V											
I in mA											

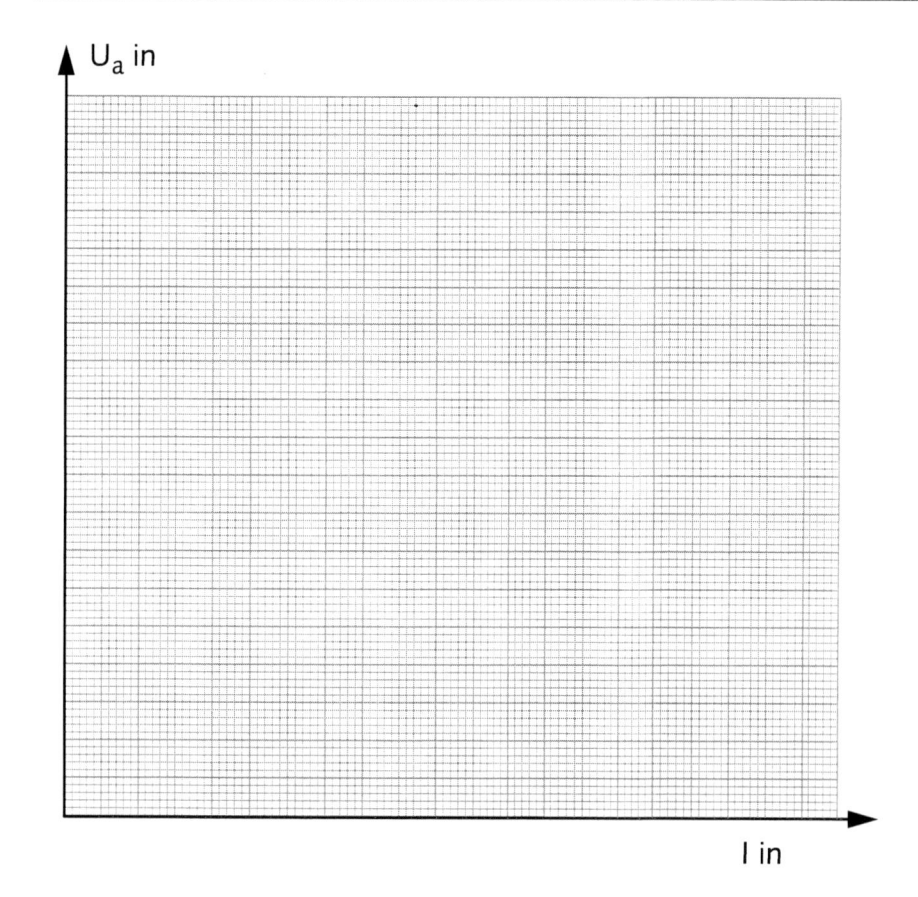

U_a in

I in

Kenngrößen der Batterie:

Leerlaufspannung

$U_L =$

Kurzschlußstrom

$I_K =$

Innenwiderstand

$R_i =$

Ergebnis:

Kennlinien von Bauelementen

Aufgabe

Nehmen Sie mit einem Kathodenstrahloszilloskop die Kennlinien verschiedener elektrischer Bauelemente auf!

Theoretische Grundlagen

1. Was versteht man in der Elektronik unter einer Kennlinie?

2. Skizzieren und interpretieren Sie die Kennlinien eines Ohmschen Widerstandes, eines Heißleiters und einer Halbleiterdiode!

3. Welche Schlüsse lassen sich aus dem Verlauf einer Kennlinie ziehen?

4. Wieso kann man mit einem Kathodenstrahloszilloskop Stromstärken darstellen?

Kennlinien von Bauelementen

Geräte und Experimentieranordnung

Geräte

Kathodenstrahloszilloskop mit
x-Verstärker (z. B. ED 2 ...)
Wechselspannungsquelle
Widerstand 100 Ω
Verbindungsleiter
Bauelemente

Experimentieranordnung

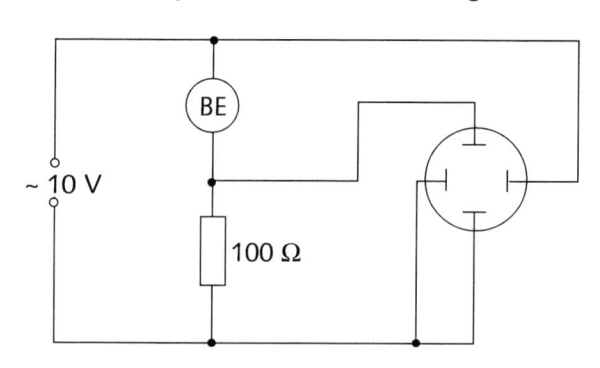

BE. 1. Ohmscher Widerstand   (z. B. 1 kΩ)
2. Heißleiter   (z. B. Kohle)
3. Halbleiterdiode
4. Varistor (spannungsabhängiger Widerstand)

Durchführung und Auswertung

Skizzieren und beschreiben Sie für jedes Bauelement den Kurvenverlauf, der auf dem Schirm des Oszilloskops beobachtbar ist!

1

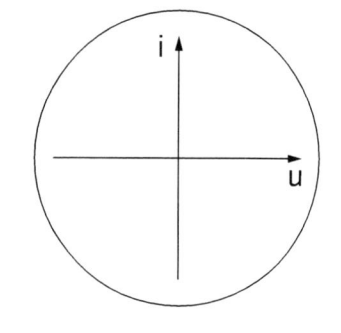

2

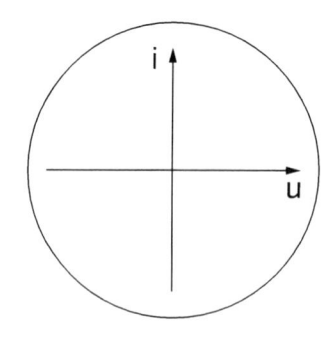

3

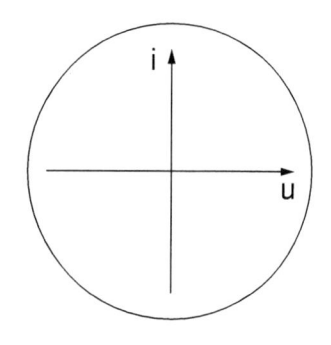

4

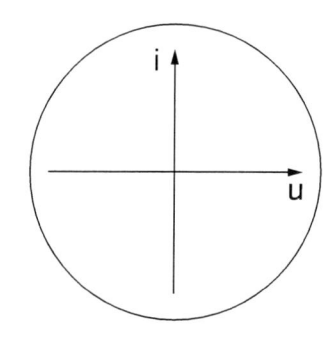

Elektromagnetische Schwingungen

Aufgaben

1. Nehmen Sie die Resonanzkurve von verschiedenen (mindestens 2 unterschiedlichen) Reihenschwingkreisen auf!
2. Ermitteln Sie die Resonanzfrequenz und die Bandbreite!

Theoretische Grundlagen

1. Welche Bauteile gehören zu einem elektromagnetischen Schwingkreis? Skizzieren Sie einen Schwingkreis!

2. Was versteht man unter Resonanz? Wie zeigt sie sich im Schwingkreis?

3. Welche Möglichkeiten der Kopplung von Schwingkreisen kennen Sie?

4.*Was versteht man unter der Bandbreite?

Geräte und Experimentieranordnung

Geräte

Generator (durchstimmbar),
z. B. GF 21 RC oder UVG2

Stromstärkemesser

Spulen

Kondensatoren

Verbindungsleiter

Experimentieranordnung

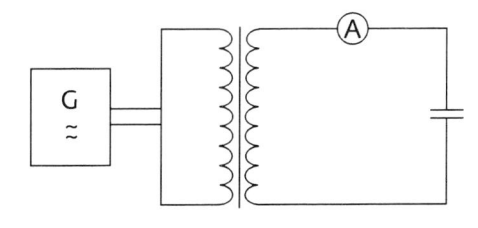

f regelbar

Elektromagnetische Schwingungen

Durchführung und Auswertung

Suchen Sie einen Frequenzbereich, in dem Sie relativ große Stromstärken erreichen!
Bestimmen Sie die maximale Stromstärke i_{max}!
Messen Sie dann die Stromstärke i in Abhängigkeit von der Schwingkreisfrequenz f!
Nehmen Sie in der Nähe der Maximalstromstärke mehrere Wertepaare auf!

Schwingkreis I

f in Hz								
i in mA								
$i : i_{max}$								

Schwingkreis II

f in Hz								
i in mA								
$i : i_{max}$								

Bilden Sie die Quotienten $\frac{i}{i_{max}}$, und tragen Sie diese Werte über f auf!
Geben Sie die Resonanzfrequenz und die grafisch ermittelte Bandbreite an!

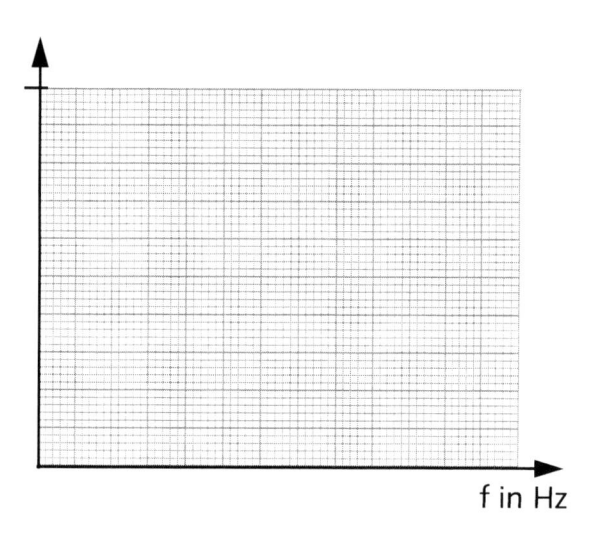

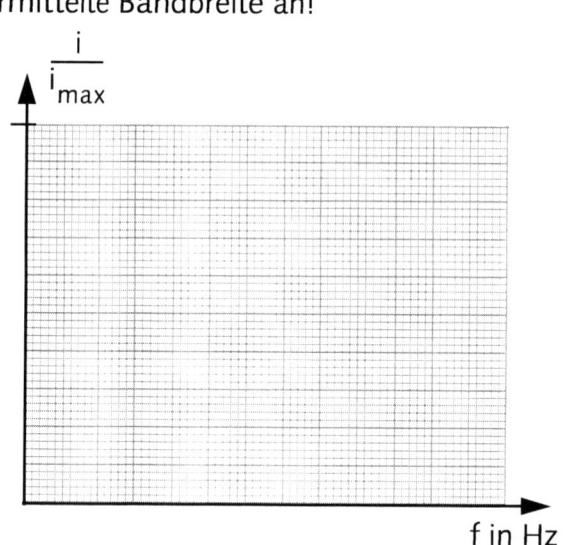

Fehlerbetrachtung:

_____

_____

Ergebnis:

_____

_____

Wirkungsgrad eines Elektromotors

Aufgaben

1. Bestimmen Sie mit einem mechanischen Backenzaum nach PRONY den Wirkungsgrad eines Experimentiermotors bei verschiedenen Drehzahlen!
2. Stellen Sie den Wirkungsgrad in Abhängigkeit von der Drehzahl grafisch dar!

Theoretische Grundlagen

1. Wie ist die Leistung definiert? Was versteht man unter dem Wirkungsgrad einer Anordnung?

2. Mit Hilfe eines PRONYschen Zaumes läßt sich die mechanische Leistung an Elektromotoren messen.
   Die Drehzahl des Motors wird durch die Einstellschrauben S reguliert.

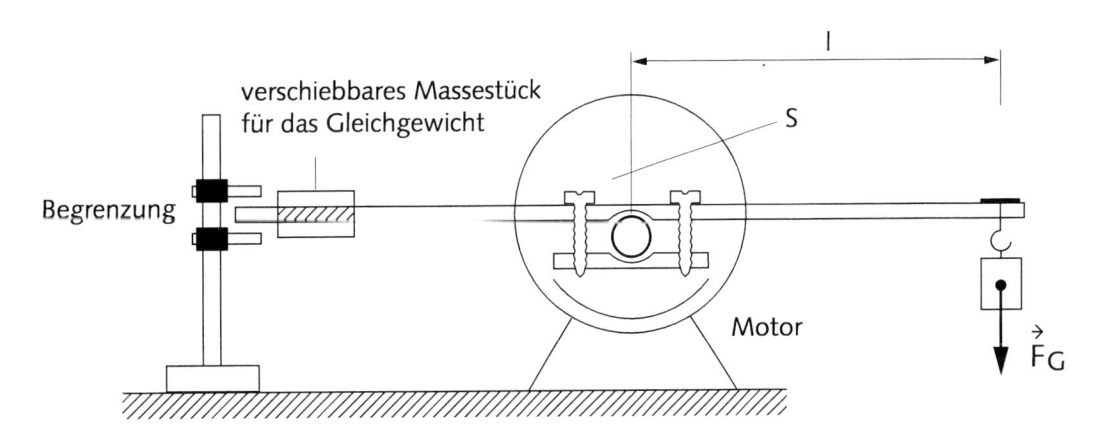

Wenn F_R die an die Achse auftretende Reibungskraft, r der Radius der Motorwelle und n die Drehzahl des Motors sind, so ergibt sich

$$P = F_R \cdot 2\pi \cdot r \cdot n.$$

Das Drehmoment des Motors wird ausgeglichen durch die Gewichtskraft F_G am Hebelarm l.

$$F_R \cdot r = F_G \cdot l \quad \text{oder} \quad F_R = \frac{F_G \cdot l}{r}$$

Setzt man F_R in die Gleichung für P ein, so erhält man:

$$\underline{P = 2 F_G \cdot l \cdot n}.$$

Die Drehzahlmessung erfolgt am einfachsten stroboskopisch.

Wirkungsgrad eines Elektromotors

Geräte und Experimentieranordnung

s. Theoretische Grundlagen

Durchführung und Auswertung

Bei der Messung der elektrischen Größen ist aus Sicherheitsgründen die vorgegebene Schaltung nicht zu verändern!

Messung Nr.	n in s^{-1}	l in m	F_G in N	U in V	I in A	P in $N \cdot m \cdot s^{-1}$	P_{el} in W	η
1								
2								
3								
4								
5								

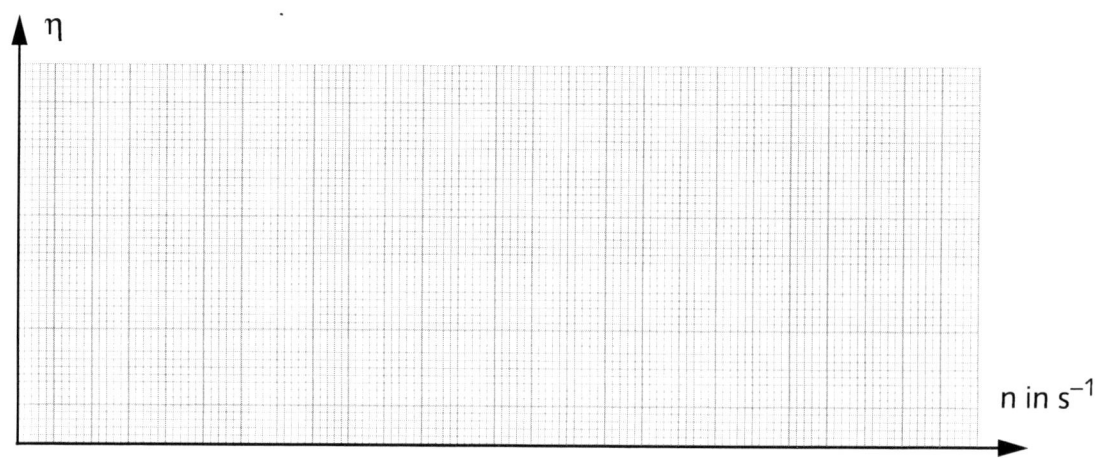

Fehlerbetrachtung:

_____

_____

_____

Ergebnis:

_____

_____

_____

Messung in magnetischen Feldern

Aufgabe

Bestimmen Sie die Horizontalkomponente des Magnetfeldes der Erde B_H!

Theoretische Grundlagen

1. Skizzieren Sie das Magnetfeld der Erde! Geben Sie die Lage von N- und S-Pol an!

2. Geben Sie die Gleichung für die magnetische Flußdichte einer langen Spule an!

3. Wie läßt sich ein Kompaß als Meßgerät für magnetische Größen einsetzen?

_____

_____

_____

Geräte und Experimentieranordnung

Geräte

Marschkompaß
lange Spule
Stromstärkemesser
Gleichspannungsquelle (stellbar)

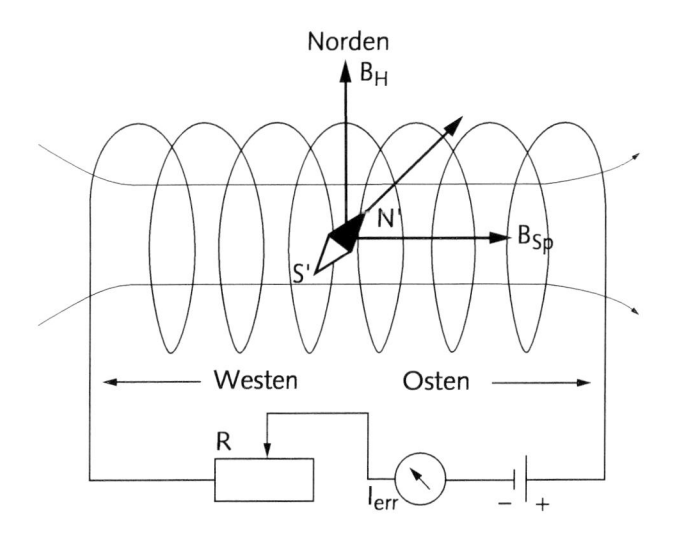

Experimentieranordnung

Messung in magnetischen Feldern

Durchführung und Auswertung

Bringen Sie den Kompaß so in die waagerecht liegende Spule, daß die Kompaßnadel senkrecht zur Spulenachse steht!

Stellen Sie den Spulenstrom so ein, daß durch das Spulenfeld das Erdfeld gerade kompensiert wird!

Messungen:

Berechnung der magnetischen Flußdichte:

Fehlerbetrachtungen:

_____
_____
_____
_____
_____

Ergebnis:

_____
_____
_____
_____
_____

Brennweite eines Linsensystems

Aufgabe

Bestimmen Sie experimentell die Brennweite eines Linsensystems nach dem Verfahren von Abbe!

Theoretische Grundlagen

1. Skizzieren Sie die Bildentstehung an einer dünnen Sammellinse, und geben Sie die Abbildungsgesetze an!

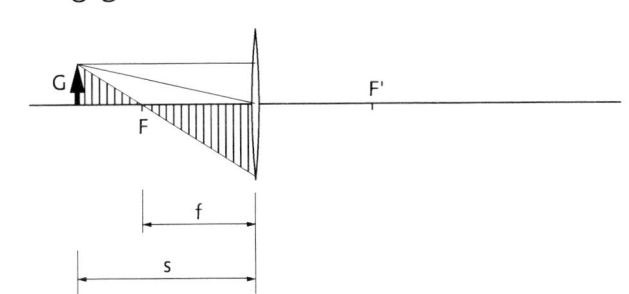

Abbildungsmaßstab

$$\beta = \frac{B}{G} = \underline{\qquad} = \underline{\qquad} \quad (1)$$

Abbildungsgleichung

$$\frac{1}{f} = \quad (2)$$

Zusammenhang zwischen den Größen
s, f, b   bzw.   s', f, b

$$(3) \quad s = f\left(1 + \frac{1}{\beta}\right) \quad \Big| \quad s' = f(1 + \beta) \quad (4)$$

2. *Verdeutlichen Sie die Entstehung eines reellen Bildes an einem selbstgewählten Linsensystem auf einem gesonderten Blatt Millimeterpapier!

3. Nachfolgend ist das Abbesche Meßverfahren dargestellt. Ergänzen Sie die Gleichungen!

Prinzipskizze   Gleichungen

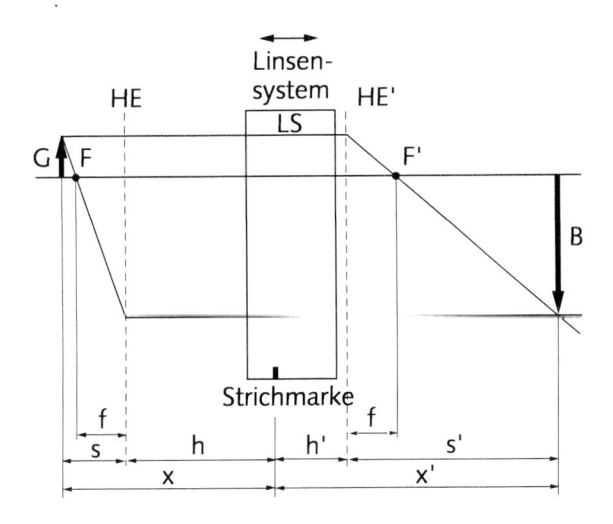

Brennweite eines Linsensystems

Geräte und Experimentieranordnung

Geräte

Stromversorgungsgerät
Experimentierleuchte (L) mit Kondensator
Blendenrahmen mit „L" oder Meßdia (D)
Linsensystem (LS) mit Halterung
Stativstäbe mit Reitern
Maßstab (M)
Bildschirm (B) mit Millimeterpapier
bei „L"-Einsatz

Experimentieranordnung

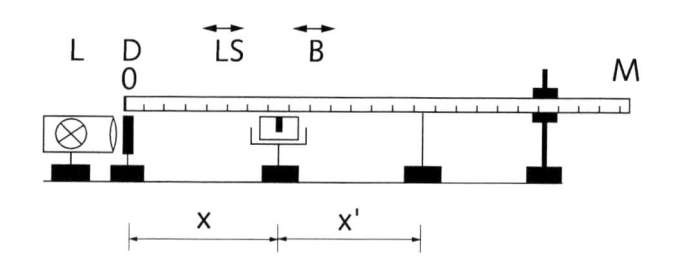

(Zur Messung der Abstände x und x' wird als Bezugspunkt ein Kennzeichen auf dem Entfernungseinstellring verwendet.)

Durchführung und Auswertung

Experimentelle Bestimmung der Brennweite f des Linsensystems

Meßwerttabelle

x in	x' in	B in	$G=$	
			$\beta = \frac{B}{G}$	$\frac{1}{\beta} = \frac{G}{B}$

Anstieg:

Ergebnis:

Spektren

Aufgaben

1. Bauen Sie ein Spektrometer auf! Eichen Sie dieses Gerät!
2. Bestimmen Sie unter Verwendung der erhaltenen Eichkurve die Wellenlänge der beobachteten Spektrallinien von vorgegebenen Lichtquellen!
3.* Ermitteln Sie über die Eichkurve die Gitterkonstante eines optischen Gitters!

Theoretische Grundlagen

1. Nennen Sie prinzipielle Arten von Lichtspektren!

2. Erläutern Sie den physikalischen Ursachen für die Entstehung von Farben beim Durchgang von weißem Licht durch ein Prisma bzw. ein Gitter!

3.* Berechnen Sie die Wellenlänge von sichtbarem Licht des leuchtenden atomaren Wasserstoffs über die Balmergleichung!

Geräte und Experimentieranordnung

Geräte   *Experimentieranordnung*

Spektren

Durchführung und Auswertung

Eichung des Spektrometers

Wellenlänge λ in nm	Linienabstand zur 0-Marke x in

Veranschaulichung der Wellenlängenverteilung

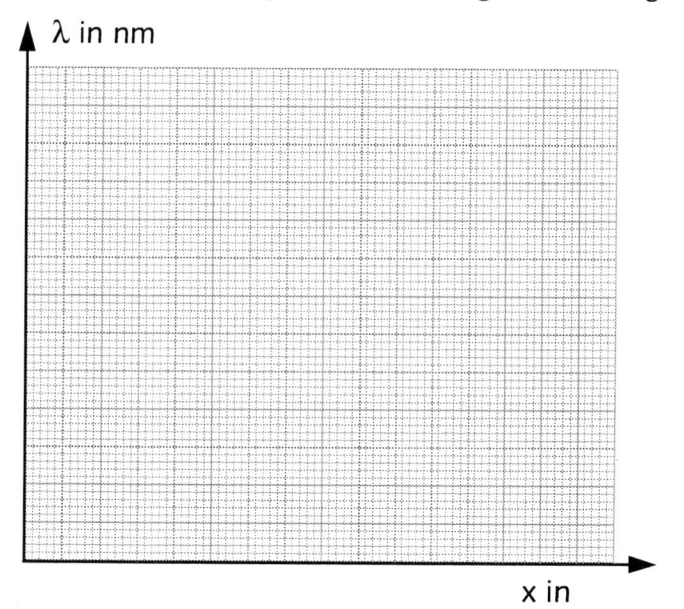

λ in nm

x in

Ermittlung unbekannter Wellenlängen

Linienabstand zur 0-Marke x in	Wellenlänge λ in (laut Eichkurve)

„Spektrometerskala"

Zeichnen Sie in diesem Streifen an den entsprechenden x-Positionen senkrechte Linien im Abstand $\Delta\lambda = \ldots$ nm ein!
Beginnen Sie bei $\lambda = \ldots$ nm!

Ergebnis:

_____
_____
_____
_____

Halbwertsdicke

Aufgaben

1. Ermitteln Sie experimentell den Nulleffekt!

2. Untersuchen Sie experimentell die Abhängigkeit der Strahlungsintensität („Zählrate") eines radioaktiven Strahlers von der Dicke eines gegebenen Absorbers! Bestimmen Sie daraus die „Halbwertsdicke" des Absorbers!

Theoretische Grundlagen

1. Geben Sie atomare Vorgänge an, durch die die radioaktive Strahlung beim Durchgang durch Materie geschwächt wird!

	α-Strahlung	β-Strahlung	γ-Strahlung
Wechselwirkungs-prozesse:			

2. Skizzieren Sie den Zusammenhang zwischen Strahlungsintensität I und Schichtdicke d des Absorbers! Verdeutlichen Sie im Diagramm die „Halbwertsdicke" d_H ! Leiten Sie das Absorptionsgesetz her!

Diagramm   Herleitung

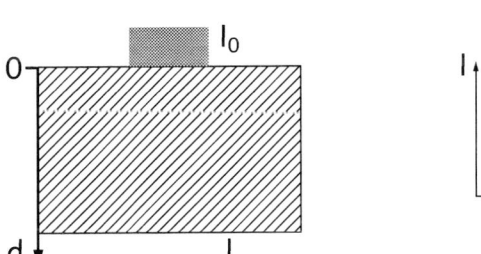

Geräte und Experimentieranordnung

Geräte   *Experimentieranordnung*

Halbwertsdicke

Durchführung und Auswertung

Hinweis:

Beachten Sie die Bestimmungen des Strahlenschutzes beim Umgang mit umschlossenen Strahlenquellen! Achtung, es wird mit hoher Zählrohrspannung gearbeitet!

Angaben zur verwendeten Anordnung:

Zählrohrspannung	radioakt. Strahler	Absorbermaterial	Abstände
			ZR-Strahler: ZR-Absorber:

Bestimmung des Nulleffekts und der Halbwertsdicke:

Messung Nr.	Anzahl Z_0 der Impulse pro ... s

Mittelwert: $\bar{Z}_0 = $ ... pro ... s

Dicke des Absorbers in ...	Anzahl Z der Impulse pro ... s					$\bar{Z}$ pro ... s	$\bar{Z} - \bar{Z}_0$ pro ... s
	1	2	3	4	5		

$\bar{Z} - \bar{Z}_0$ pro ... s

Halbwertsdicke
$d_H = $

Absorptionskoeffizient
$\mu = $

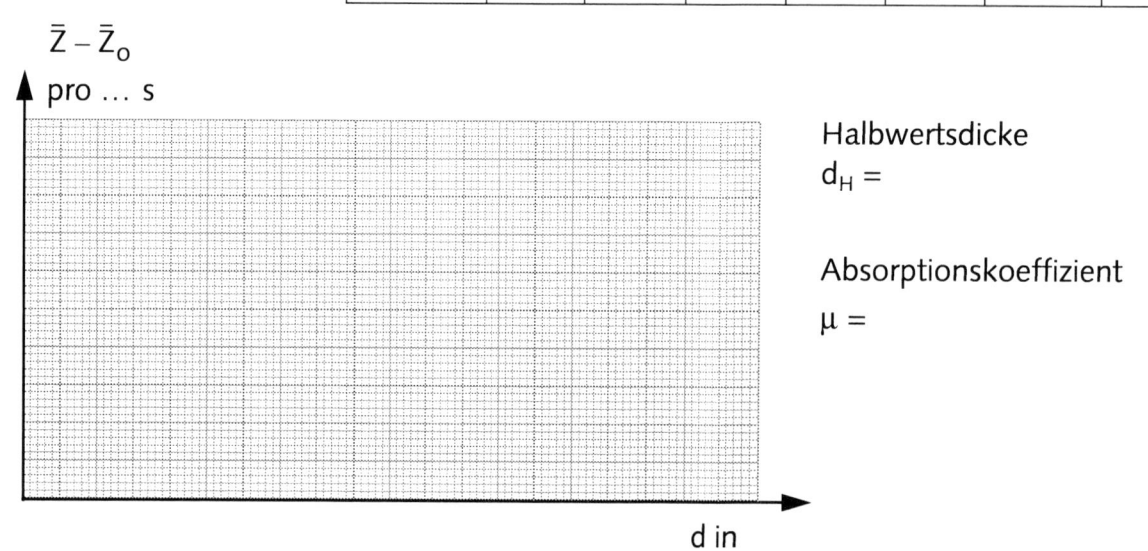

d in

Ergebnis:

Äußerer lichtelektrischer Effekt 31

Aufgabe

Schätzen Sie mit einer Fotozelle („PLANCK-Zelle") das PLANCKsche Wirkungsquantum ab!

Theoretische Grundlagen

1. Was versteht man unter dem Hallwachs-Effekt?

2. Wie kann man die kinetische Energie von emittierten Elektronen messen?

3. Wie lautet die Gleichung zur EINSTEIN-Geraden? Wie kann man daraus die PLANCKsche Konstante ermitteln?

Geräte und Experimentieranordnung

Geräte
- Fotozelle
- Galvanometer
- Spannungsmesser
- Lampe mit Filtern
- Verbindungsleiter
- Abschirmung für Fremdlicht

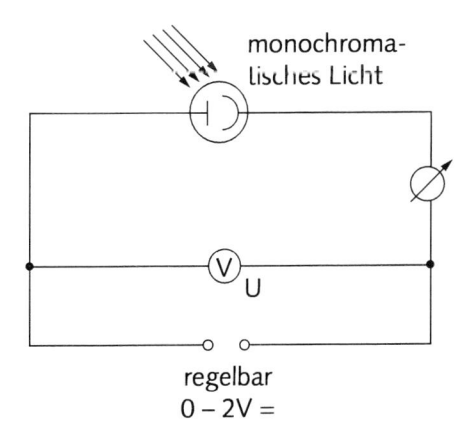

Experimentieranordnung

monochromatisches Licht

regelbar
0 – 2V =

Äußerer lichtelektrischer Effekt

Durchführung und Auswertung

Beleuchten Sie die Fotozelle mit monochromatischem Licht bekannter Frequenz (f_1)! Kompensieren Sie durch die Gegenfeldspannung (U_1) den Ausschlag am Galvanometer.
Wiederholen Sie mit Licht anderer Frequenzen (f_2, f_3 …) das Experiment! Sie erhalten andere Gegenfeldspannungen (U_2, U_3 …).

Meßwerte:

Frequenz f in Hz					
Gegenspannung U in V					
E_{kin} in eV					

Zeichnen Sie mit den aufgenommenen Werten die Einsteinsche Gerade!

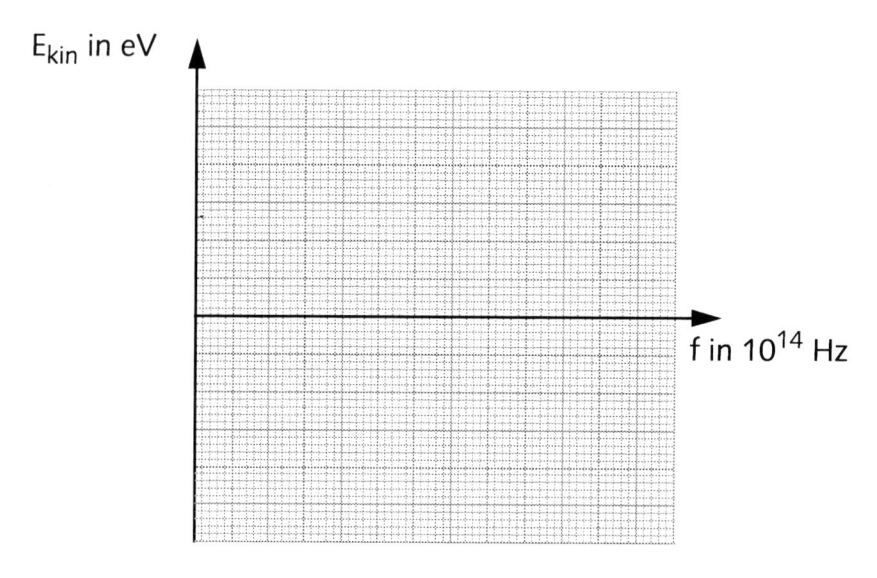

E_{kin} in eV

f in 10^{14} Hz

Berechnen Sie die PLANCKsche Konstante h!

Fehlerbetrachtung:

_____

_____

_____

Ergebnis:

_____

_____